Johann Christoph Wilhelm Lindemann

Astronomische Unterredung zwischen einem Liebhaber der Astronomie und mehreren berühmten Astronomen der Neuzeit

Johann Christoph Wilhelm Lindemann

Astronomische Unterredung zwischen einem Liebhaber der Astronomie und mehreren berühmten Astronomen der Neuzeit

ISBN/EAN: 9783743681279

Hergestellt in Europa, USA, Kanada, Australien, Japan

Cover: Foto ©berggeist007 / pixelio.de

Weitere Bücher finden Sie auf **www.hansebooks.com**

Astronomische Unterredung

zwischen

einem Liebhaber der Astronomie

und

mehreren berühmten Astronomen der Neuzeit,

worin deutliche Auskunft gegeben wird

über die

Untrüglichkeit des Kopernikanischen Sonnen-Systems.

Von

J. C. W. L.

„Da sie sich für weise hielten,
sind sie zu Narren geworden."
Röm. 1, 22.

St. Louis, Mo.
Druckerei der Synode von Missouri, Ohio und anderen Staaten.
1873.

Nach der Vorstellung der Alten steht die Erde in der Mitte des Weltalls ruhig und fest. Um sie bewegen sich von Ost gen West Sonne und Mond in Bahnen, die einem Kreise ähnlich sind. Die Planeten laufen entweder sämmtlich um die Sonne und mit ihr um die Erde; oder ein Theil derselben bewegt sich nur um die Erde, ähnlich wie Sonne und Mond es thun. Und Sonne, Mond und Planeten bewegen sich sammt dem zahllosen Heer der Firsterne innerhalb vierundzwanzig Stunden um die Erde.

So dachten sich die Alten die Ordnung des Weltgebäudes; so bestätigt es in der Hauptsache der Augenschein, die tägliche Erfahrung; so redet auch die heilige Schrift von dieser majestätischen Erscheinung!

Kopernikus, und mit ihm fast alle neueren Astronomen, behauptet das Gegentheil: die Erde bewegt sich um die Sonne wie die Planeten; sie ist selbst nur ein Planet und längst nicht der Hauptkörper der irdischen Welt. Und das behaupten die Sternkundigen dieser Zeit mit einer Bestimmtheit, sie wollen das so genau erforscht, berechnet und bewiesen haben, daß sie der gegentheiligen Meinung keinerlei Berechtigung zugestehen, ja ihre Vertreter verhöhnen und verlachen!

Wer hat nun Recht? — Es wäre mir völlig einerlei, wer Recht hätte, wenn es sich nur um menschliche Meinungen handelte. Aber der weise und wahrhaftige Gott hat sich über diese Angelegenheit in der Bibel ausgesprochen! Der ganzen heiligen Schrift liegt die Anschauung zu Grunde, daß die Erde der Hauptkörper des Weltalls ist, daß sie fest steht, und Sonne und Mond ihr nur leuchtend dienen!

Was soll ich halten von diesem Zeugniß meines Gottes? —

IV

Es kommen nicht blos gelehrte, sondern auch christliche Männer und sagen: Dergleichen Dinge kann man aus der Schrift nicht lernen; sie zeigt uns wohl den Heilsweg, lehrt aber die Welt nicht kennen! Noch Andere sprechen: in Sachen, welche die Natur und ihre Gesetze betreffen, spricht die Bibel nur die Meinung der menschlichen Verfasser aus, welche sie nach dem damaligen Standpunkte der Wissenschaft haben konnten!

Ist das so, dann sind nicht alle Worte der Schrift vom Heiligen Geist eingegeben; dann muß meine Vernunft erst sondern, was von Gott, was von Menschen ist; dann bin ich nie sicher, ob ich Gottes, ob ich Menschen Wort habe; dann muß ich wohl gar annehmen, daß in Gottes Munde Irrthum gefunden wird, wenn er zu den Menschen — zu seiner Kirche — von der sichtbaren Welt, von der Natur und ihren Gesetzen redet! dann läßt auch mein Gott mich im Stich, wenn ich nach Wahrheit frage!

Weil es sich dabei um die Wahrheit der heiligen Schrift handelt, deshalb ist mir obige Frage von der größten Wichtigkeit!

Aber verstehe mich nun Niemand so, als wollte ich erst untersuchen, wo die Wahrheit zu finden sei: in der Bibel, oder bei den Astronomen. Nein, ich weiß das zuvor, **daß mein Gott niemals lügt, niemals irrt.** Aus seinem Munde kommt auch dann nur Wahrheit, wenn er vom Weltgebäude, von der Erde, von Sonne, Mond und Sternen redet.

Aber das darf ich fragen und will ich fragen: welche Gründe haben denn die Astronomen für ihre Behauptung? Welche Beweise haben sie denn dafür herbeigebracht und der Welt vorgelegt, daß **nur sie Recht haben können, Erfahrung und Bibel aber trügen müssen?** Und das frage ich nicht blos um meinetwillen; sondern das frage ich aus dem Herzen Vieler heraus, bei denen sich Zweifel regt, — bei denen die Hochachtung vor der neueren Astronomie mit dem Vertrauen auf Gottes Wort kämpft, — die nicht recht wissen, wohin sie sich wenden sollen! — Ach, es ist ja leider allzuwahr, daß die „Wissenschaft" überhaupt, daß die heutige „Astronomie" insonderheit Vielen die Augen so geblendet hat, daß sie den hellen Schein des göttlichen Wortes nicht sehen, daß sie es für eine nur trüb brennende Pechfackel halten. Das Ruhmgeschrei, das die Feinde der Bibel für ihre

„Wissenschaft" erheben, — die Geringschätzung, mit der die Klugen dieser Welt das heilige Gotteswort behandeln, das hat sie irre gemacht, so daß sie sich auf den elenden Rohrstab stützen: nur die Heilsordnung lehrt Gott, nicht aber die Weltordnung!

Diesen, nicht den Spöttern und Fleischlichen, denke ich einen Dienst zu thun, wenn ich die Frage aufwerfe: **Womit beweisen denn die Anhänger des Kopernikanischen Systems die Wahrheit ihrer Behauptung? Mit welchem Fug und Recht schreien sie wider die Bibel?**

Wo ist aber die Antwort zu finden? In den gewöhnlichen Schul-Lehrbüchern der Geographie, Weltkunde, Physik u. s. w. findet man sie nicht. In ihnen stehen wohl Behauptungen; aber nach wirklichen Beweisen sieht man sich vergeblich um. **In den Büchern der eigentlichen Astronomen müssen diese Beweise jedenfalls zu finden sein, wenn sie überhaupt zu finden sind!** So dachte ich und schaffte mir deshalb drei astronomische Werke an, um aus ihnen die Gründe kennen zu lernen, welche unsere Sternkundigen veranlassen und berechtigen, so siegesgewiß mit ihrer Meinung aufzutreten, so schnöde die Weltanschauung der Bibel zu verwerfen.

Diese Werke sind folgende:

Populäre Vorlesungen über wissenschaftliche Gegenstände von F. M. Bessel. Hamburg 1848. (Das Buch enthält 15 Vorlesungen, von denen 10 die Astronomie und ihre Resultate betreffen.)

Die Wunder des Himmels oder gemeinfaßliche Darstellung des Weltsystems. Von J. J. von Littrow. Vierte Auflage. Nach den neuesten Fortschritten der Wissenschaft bearbeitet von Karl von Littrow. Stuttgart 1854.

Der Wunderbau des Weltalls oder Populäre Astronomie von Dr. J. H. v. Mädler. 6te Auflage. Berlin 1867.

Einiges nahmlich noch aus folgendem, einem Collegen zugehörigen Buche:

Lehrbuch der kosmischen Physik. Von Dr. Joh. Müller. Braunschweig 1865. (Dieses Werk enthält einen astronomischen Abschnitt, 202 Seiten umfassend.)

Was ich in diesen Büchern über die Gewißheit des Kopernikanischen Systems fand, das ist im Folgenden mitgetheilt. Auslassen mußte ich Alles, zu dessen Verständniß und Beurtheilung genauere mathematische Kenntnisse, Rechnungen und Zeichnungen erforderlich sind; ebenso Vieles, was nur dazu gedient hätte, zum Lachen zu reizen. Es hat sich aber überflüssig genug gefunden, um die aufgeworfene Frage beantworten zu können!

Mit einigen wenigen geringen Ausnahmen führe ich die Worte jener Verfasser, die alle vier entschiedene Kopernikaner sind, stets buchstäblich an. Des besseren Verständnisses wegen und um einigermaßen einen Zusammenhang herzustellen, habe ich das Ganze in Gesprächsform gebracht, und hie und da auch mein Urtheil mit einfließen lassen, oder eine Anmerkung hinzugesetzt.

Der geneigte Leser wolle nun aufmerksam beachten, was diese Astronomen vom Fach aussagen, und wolle dann selbst urtheilen, ob ein Christ Ursache hat, an der Wahrheit seiner Bibel zu zweifeln, und auch, ob das Motto mit Recht gewählt wurde oder nicht!

Der HErr segne denn auch dieses geringe Zeugniß dazu, das feste Vertrauen auf sein Wort zu stärken!

1. Was ist eigentlich die Aufgabe der Astronomie oder Sternkunde?

„Die Astronomie hat die Aufgabe, Alles kennen zu lehren, was uns von den Bewegungen und der Beschaffenheit der Himmelskörper, einschließlich des Erdkörpers, bekannt werden kann." (Bessel 505)

2. Die Astronomie ist wohl jetzt bis zur Vollkommenheit gediehen?

„Die bisherige Geschichte des Menschengeschlechts bietet uns vier Perioden dar, deren Begrenzungen von den Geschichtsforschern aber nicht anerkannt worden sind. Die Grade der Fortschritte im Verstehen des Buches der Natur bestimmen diese Grenzen. — Diejenige Periode, welche wir ‚vor der Sündfluth' nennen, ist die, in welcher das Menschengeschlecht das Gehen lernte und Kinderspiele trieb, ohne sich um das Buch der Natur zu bekümmern. (!) Die Psalmen Davids und die Gesänge Homers fallen in die zweite Periode, in welcher man seine Buchstaben kennen lernte, aber nicht ahnte, daß ihre Zusammensetzung einen Sinn haben könne. Die dritte Periode ist die des Buchstabirens; sie geht nach Homer an, denn seine Gesänge zeigen noch die wunderlichsten Vorstellungen von der Erde, andere als hätten vorhanden sein müssen, wenn man auch nur eine einzige Zeile des Buchs der Natur hätte deuten können. Die vierte Periode ist die des Lesens: sie geht von Newton an, und wir können in der kurzen Zeit von 150 Jahren nur einen kleinen Theil des zu Lesenden gelesen haben. Ob ihr noch eine fünfte Periode folgen wird, ahnden wir nicht: sie müßte wahr machen, was oft, aber ohne Grund, gesagt worden ist, daß die Natur dem Menschen dient." (Bessel 39. 40)

3. Sie rechnen also Kopernikus und Kepler noch in die Periode des Buchstabirens! In der That, das ist mir auffallend! Herr Littrow, sind Sie derselben Ansicht?

„Kopernikus*) gab uns das Neue Testament der Astronomie, und Kepler**) lieferte uns eine neue, wesentlich verbesserte, Auflage desselben." (Littrow 544)

---

*) Nicolaus Kopernikus, geboren 1473 zu Thorn in Westpreußen, studirte Theologie, Medicin und Mathematik. Er wurde Canonikus in Frauenberg, begann 1506 astronomische Untersuchungen und trat später mit der Behauptung auf, die Erde bewege sich um die Sonne. Er starb 1544, nachdem er noch auf dem Todtenbette das erste Exemplar seiner gedruckten Werke empfangen hatte.

**) Johannes Kepler, geboren 1571, studirte erst Theologie, wandte sich dann der Mathematik zu und ward der Gehülfe Tycho Brahe's in Prag. Nach dessen Tode erbte er die astronomischen Schriften desselben und leitete aus diesen drei Gesetze ab, nach welchen sich die Himmelskörper bewegen sollten. Er starb 1730.

4. Welche Vorzüge hat das Kopernikanische System vor dem alten Ptolemäischen?*)

„Das Ptolemäische System ist aus unförmlichen Stücken zusammen getragen und äußerst zusammengesetzt; während das Kopernikanische im höchsten Grade einfach und symmetrisch erscheint, so daß man es sofort für das einzig wahre erkennen muß." (Littrow 145)

5. Ist denn die Bahn eines Planeten, z. B. die des Jupiter, nach dem neuen System eine genaue und regelmäßige?

„Während Jupiter durch die bloße Einwirkung der Sonne in einer Ellipse von mehr als 650 Millionen deutschen Meilen um dieselbe geführt wird, suchen ihn alle anderen ihn umgebenden Planeten immerwährend aus dieser seiner Bahn herauszuziehen. Nach den verschiedenen Lagen dieser Planeten zieht ihn der eine näher zur Sonne, während ihn der andere davon entfernt; dieser reißt ihn auf seinem Wege vorwärts, jener zurück; dieser erhebt ihn über, jener stößt ihn unter seine ursprüngliche Bahn, und es ist leicht abzusehen, daß alle diese immerfort wirkenden Störungen nicht nur den Ort des Planeten in seiner Bahn, sondern am Ende auch diese Bahn selbst verändern, daß sie ihren Einfluß auch auf die Größe, Gestalt und Lage dieser Bahn haben werden, und daß daher der Planet, allen diesen ihn und einander selbst immer störenden Kräften Preis gegeben, eigentlich in jedem Augenblicke eine andere, eine ganz neue krumme Linie um die Sonne beschreiben werde." (Littrow 5)

6. Nun eine solche Bahn finde ich weder einfach noch symmetrisch! Aber die Mondbahn ist doch wohl recht einfach nach dem Kopernikanischen System?

„Die Erde legt in jedem Tage über 355,000 (deutsche) Meilen um die Sonne zurück, fliegt also mit einer Geschwindigkeit durch den Himmelsraum, die mit der unserer Kanonenkugeln nicht weiter verglichen werden kann; und der Mond begleitet sie auf ihrem Wege, indem er stets in großen Spiralen oder Schlangenlinien um sie tanzt und seine Geschwindigkeit jeden Augenblick ändert. Während die Erde in einer einfachen Ellipse jährlich um die Sonne geht, läuft ihr Begleiter in einer Entfernung von 51,800 (deutschen) Meilen in derselben Zeit 12¾ mal um die Erde, so daß seine wahre Bewegung einer aus 12 bis 13 Knoten zusammen geschlungenen Schnur gleicht, die aber so wunderbar verworren ist, daß sie in vielen tausend Jahren nicht wieder in sich selbst zurückkehrt." (Littrow 355. 356)

7. Ei, ei! So hatte ich es mir doch nicht gedacht! Und das ist also „einfach und symmetrisch". Doch vielleicht begreife ich's noch besser. Lassen sich denn nach dem Kopernikanischen System alle Erscheinungen am Himmel erklären?

„Es ist bereits erwähnt worden, daß das Kopernikanische System nicht

---

*) Claudius Ptolemäus, ein berühmter egyptischer Astronom, gestorben um 250 nach Chr., lehrte, daß die Erde in der Mitte des Weltalls stehe und um sie Mond, Sonne, Mars, Jupiter und Saturn kreiseten. Um die Sonne ließ er Merkur und Venus laufen, deren Bahnen dann sogenannte Radlinien oder Epicykel bildeten.

blos dasjenige, was zur Zeit seines Urhebers als Aufgabe vorlag, einfach und vollständig erklärte, sondern daß auch alle später gemachten Wahrnehmungen und Entdeckungen, von denen man damals noch nichts ahnte noch ahnen konnte, sich eben so ungezwungen und folgerecht aus ihm darstellen lassen." (Mädler 61)

8. Ist das auch Ihre Meinung, Herr Littrow?

„Wir sind noch nicht mit allen Einzelheiten der planetarischen Bewegungen bekannt, — da das Kopernikanische System, seiner großen, unbestreitbaren Vorzüge ungeachtet, doch nicht eigentlich das wahre System der Natur ist, sondern noch einer sehr wichtigen Verbesserung als Zusatz bedarf." (Littrow 153)

9. Rechnen denn die heutigen Astronomen nicht nach dem Kopernikanischen System?

„Kopernikus hatte durch die Aufstellung seines Planeten-Systems die seit den ältesten Zeiten allgemein angenommenen und gleichsam geheiligten Lehren von der Ruhe der Erde im Mittelpunkte der Welt als für immer zerstört, und dadurch das große Hinderniß hinweg geräumt, das bisher unsere wahre Erkenntniß des Himmels und alle eigentlichen Fortschritte der Wissenschaften unmöglich gemacht hatte. Er ist dadurch der Gründer oder — vielleicht besser — der eigentliche Veranlasser der neueren Astronomie geworden, aber ohne auch zugleich der Vater derselben zu sein, obschon man ihn oft genug so genannt hat. Denn unser gegenwärtiges System ist nicht das Kopernikanische, so wie es uns sein Erfinder selbst in seinem Werk dargestellt hat. Es ist vielmehr sehr davon verschieden, und diese Verschiedenheit besteht nicht in kleinen Verbesserungen und Zusätzen, sondern in sehr wesentlichen Aenderungen, die ihm, wenn er jetzt wiederkäme, sein eigenes System selbst unkenntlich machen würden, obschon allerdings die vorzüglichste Idee, die von der täglichen Bewegung der Erde um sich selbst und der jährlichen um die Sonne, aber auch sonst nichts mehr, dem neuen System ebenfalls zu Grunde liegt." (Littrow 156)

10. Herr Mädler, wie urtheilen Sie über die Wichtigkeit des Kopernikanischen Systems?

„Alle glänzenden Entdeckungen wurden nur möglich durch die sichere Grundlage, welche Kopernikus gelegt hatte; sie konnten nicht hervorgehen aus Systemen, welche am Scheine klebend oder hergebrachte alte Vorurtheile festhaltend, den Bedürfnissen des forschenden Geistes nicht genügten; sie sind unverträglich mit jedem anderen als dem Kopernikanischen, welches überhaupt mit der ganzen Astronomie steht und fällt, und ohne welches wir auf jede Erklärung, wie auf jede wissenschaftlich begründete Vorherbestimmung gänzlich verzichten müssen." (Mädler 53)

11. Lassen sich die Erscheinungen am Himmel auch erklären, wenn man annimmt, das ganze Himmelsgewölbe drehe sich täglich um die feststehende Erde?

„Diese Erklärung der beobachteten täglichen Bewegung der Gestirne durch eine Rotation des Himmels um eine fire, durch den Mittelpunkt der Erde gehende Are, ist so einfach und der Sache selbst so angemessen, daß sie für eine unmittelbare Bezeichnung der Erscheinung selbst, oder gleichsam nur für einen anderen Ausdruck derselben angesehen werden kann. **Auch werden dadurch alle einzelnen Umstände des ganzen Phänomens so genau dargestellt, daß man an der Richtigkeit der Erklärung selbst nicht weiter zweiflen kann.**"

(Littrow 37)

12. Wie suchte man nach den älteren Planeten-Systemen es zu erklären, daß die Planeten zuweilen rückläufig erscheinen?

„Die zweite Ungleichheit (die rückläufige, retrograde Bewegung) suchte man in den drei älteren Planeten-Systemen (dem Ptolemäischen, Egyptischen und Tychonischen) durch die Theorie der Epicyklen zu erklären, indem man annahm, daß die Planeten sich mit gleichförmiger Geschwindigkeit in Kreisen bewegen, deren Mittelpunkte selbst wieder einen Kreis um einen festen oder auch selbst wieder beweglichen Mittelpunkt beschreiben." (Müller 126)

13. Läßt sich denn auf diese Weise die Bewegung der Planeten erklären?

„Diese in der That ganz sinnreiche Theorie erklärt der Art nach alle die sonderbaren Unregelmäßigkeiten, welche wir bereits kennen lernten. — Man sieht wohl, daß sich auf diese Weise der Stillstand und die rückläufige Bewegung der Planeten im Allgemeinen recht gut erklären lassen, wenn man an die Stelle der einfachen Kreise — solche Epicykloiden (Radlinien mit Schleifen) von entsprechender Gestalt setzt." (Müller 126. 127)

14. Hatte auch Kopernikus noch nach solchen Epicyklen gerechnet?

„Auch Kopernikus war noch gezwungen, Epicyklen beizubehalten."*)

(Littrow 544)

15. Welche von beiden Hypothesen ist denn die vorzüglichere, die, daß die Erde, oder die, daß die Sonne feststeht?

„**Beide Hypothesen stellen die Erscheinung, die dadurch erklärt werden soll, gleich gut und vollständig dar, und so lange es blos um diese Darstellung der äußeren Erscheinung zu thun ist, so hängt auch die Wahl zwischen beiden blos von unserer Willkühr ab, da keine derselben einen Vorzug vor der anderen hat, und nichts in ihnen selbst liegt, was uns zu der Annahme der einen oder der anderen vorzugsweise bestimmen könnte.**"

(Littrow 39. 80)

---

*) Auch die jetzige Astronomie kann ohne solche Epicykel nicht fertig werden. Die Bahnen sämmtlicher Nebenplaneten lassen sich auch jetzt nur durch Epicykel erklären.

L.

16. Was bewegt Sie denn, sich für die Bewegung der Erde zu entscheiden?

„Das sind die ‚inneren Wahrscheinlichkeiten'"! (Littrow 39)

17. Wenn ich recht verstehe, so hat Newton*) das Kopernikanische System erst recht begründet. Was ist es denn eigentlich, was er der Welt verkündet hat?

„Die neue, von Newton gegebene Lehre besteht darin, dass alle Körper, am Himmel wie auf der Erde, sich gegenseitig anziehen."
(Bessel 9)

18. Wie entdeckte Newton das Gesetz der Schwere, nach welchem sich alle Himmelskörper gegenseitig anziehen sollen?

„Es wird berichtet, dass er 1666, wo er Cambridge der Pest wegen verlassen hatte, in einem Garten sitzend, einen Apfel vom Baum fallen sah und sich die Frage vorlegte: was ist es, was den Apfel zur Erde treibt? und in weiterer Verfolgung dieses Gedankens sei er auf das Gesetz der Schwere gekommen." (Mädler 669; Littrow 546)

19. Durch welche Beobachtung fand Newton die Abplattung der Erde?

„Newton hatte aus Gründen — geschlossen, dass bei einer sich um ihre Axe bewegenden Erde das Gleichgewicht nur bestehen könne, wenn die Polaraxe nicht verlängert, sondern vielmehr verkürzt ist"!
(Mädler 21)

20. Durch welche Beobachtungen ist Newton eigentlich zu seinen übrigen Entdeckungen gekommen?

„Wusste doch Newton selbst die Anfrage seines Freundes Halley, auf welche Weise er zu seinen großen Entdeckungen gekommen sei, nur mit den wenigen, aber inhaltschweren Worten zu erwiedern: „Indem ich unabläffig darüber nachdachte."**) (Littrow 545)

21. Also nicht Beobachtung und Erforschung der wirklichen Gesetze der Natur, sondern bloße Speculation hat Newton zu seinen Behauptungen geführt! Kein Mensch kann die Gesetze des Weltalls erdenken; sie müssen durch angestrengte Beobachtung er-

---

*) Isaac Newton ward 1652 in England geboren und starb 1727, worauf er mit königlichen Ehren begraben ward. Optische Versuche und mathematische Untersuchungen bildeten seine Hauptbeschäftigung.

**) „Als es sich bei Newton darum handelte, ob der Materie eine Anziehungskraft eigen sei, aus welcher die Erscheinungen der Himmelsbewegungen unmittelbar folgen, da entscheidet er dies nicht dadurch, dass er wirklich in der Natur nach einer solchen Anziehungskraft nachforscht, sondern dadurch, dass er durch eine einfache abstracte Definition seine Gesetze der Schwere aufstellt. Nicht wurde eine allgemeine Anziehungskraft der Erde factisch oder durch Thatsachen bewiesen; nein, ein Gesetz ihrer Wirkung (der Schwere) wurde entworfen, und als das gefunden, b. h. berechnet war, so war das Ding selbst damit nach Newtons Behauptung bewiesen."
(Richers Briefe über die Schwere S. 15)

forscht werden!*) Wie es scheint, so halten die Astronomen Newton trotzdem für einen sehr großen Mann?

"Wer es ganz zu fassen im Stande ist, wird zugestehen, daß das bekannte ""Gott sprach: es werde Licht! Da kam Newton, und es ward Licht"" in der That nicht zu viel sagt." (Mädler 670)

"Newton", sagt Lagrange, "war nicht allein der größte aller Gelehrten, sondern auch der glücklichste, denn es giebt nur Ein allgemeines Weltgesetz zu entdecken."**) (Mädler 670)

22. Demnach saß die Welt fast 6000 Jahre in Finsterniß; erst seit Newtons neuen Lehren ist Licht in die Wissenschaften gekommen! Ich bin gewiß, daß auf der ersten Seite der Bibel mehr wahre Astronomie gelehrt wird, als Newton kannte! Was Sie von ihm sagen, ist eine abgöttische Verehrung des Mannes. Doch lassen wir das jetzt. — Erklärt denn das Newton'sche Gesetz der Anziehung alle Bewegungen am Himmel?

"Laplace†) hat wiederholt ausgesprochen, das Newton'sche Gesetz der Anziehung sei hinreichend, alle Bewegungen am Himmel zu erklären. Es hat wirklich Vieles erklärt; — — allein meines Erachtens ist der Beweis, daß die auf dieses Gesetz gegründete Theorie alle Beobachtungen vollständig erkläre, nicht wirklich geführt worden; und doch können wir nur durch diesen Beweis die Ueberzeugung erhalten, daß keine andere Ursache auf die Bewegung mitwirke." (Bessel 20)

23. Bewegen sich denn die Planeten nach diesem Gesetz immer mit derselben Geschwindigkeit?

"Die Bewegung ist am stärksten, wenn der Planet sich am nächsten bei der Sonne befindet; von hier an wird sie immer schwächer und erlangt ihre

---

*) Leibnitz, der berühmte Philosoph, schrieb 1715 an Conti: "Ich bin ein großer Freund der Experimentalphysik, aber Newton weicht sehr davon ab, wenn er behauptet, daß jede Materie schwer ist, d. h. daß jedes Theilchen der Erdmaterie anziehe." (Richer's Briefe S. 27)

**) Der Atheist Mirabeau, einer der größten Helden der Revolution in Frankreich zu Ende des vorigen Jahrhunderts, erklärte sich triumphirend für die Lehre, daß die Atome (oder kleinsten Stäubchen, aus denen Alles geworden sein soll) sich selbst gestalten, und lachte über den "Wahn", daß "eine allmächtige schöpferische Kraft" bei der Bildung der Welt thätig sei. Den "unsterblichen Newton" aber wußte er nicht hoch genug zu rühmen. (Morrison 8)

†) Ein französischer Gelehrter, geboren 1749, gestorben 1827. Er war in seiner Jugend frommen und gläubigen Sinnes; im späteren Alter leugnete er Gott und verspottete alles Heilige. Insonderheit war ihm auch Kepler darum eine "betrübende" Erscheinung, weil dieser den Glauben an einen lebendigen Gott bekannte. (Richer S. 9) Ja selbst über Newton spottete er, weil derselbe an die Wirkungen eines höheren "intelligenten Wesens" glaubte. (Morrison S. 8)

kleinste Grenze in der größten Entfernung, in welche der Planet kommen kann; dann aber wächst sie wieder, bis sie in der Sonnennähe wieder ihren früheren Werth erlangt." (Bessel 99)

24. Und das soll die Anziehungskraft bewirken!? Ei, wie wunderbar: Die Sonne zieht die Planeten am stärksten an, wenn sie am fernsten sind!! Ihr Astronomen seid Tausendkünstler! — Aber lassen sich denn die Bahnen der Planeten nach den Kepler'schen Gesetzen erklären?

„Wenn man die Sonne allein als anziehend betrachtet — so erhält man die Kepler'schen Gesetze. Da aber nicht die Sonne allein anzieht, sondern da auch die Planeten Körper sind, und das Anziehen eine Eigenschaft der Körper ist, so ziehen auch sie an. Die Erde z. B. ist nicht allein der Anziehung der Sonne unterworfen, sondern auch den Anziehungen des Jupiters, des Saturns, kurz aller übrigen Himmelskörper. Die unmittelbare Folge hiervon ist, daß sie sich nicht so bewegen kann, als sie sich bewegen würde, wenn sie allein der Anziehung der Sonne ausgesetzt wäre, also auch nicht nach den Kepler'schen Gesetzen, indem diese eine Folge der alleinigen Berücksichtigung der Anziehung der Sonne sind. Die **wahre** Bewegung der Erde, und eben so die wahre Bewegung jedes anderen Himmelskörpers, muß also mehr oder weniger von der Bewegung abweichen, welche die Kepler'schen Gesetze allein vorschreiben." (Bessel 110)

25. Aber Kepler hat ja seine Gesetze aus der Bewegung der Planeten geschlossen, wie kann denn nun dieser wieder von seinen Gesetzen abweichen?

„Der Widerspruch ist offenbar. Wir wollen uns damit aber noch nicht für verloren ansehen, sondern uns durchzuschlagen suchen."

26. Ich bin begierig zu sehen, wie Ihnen dieses gelingen wird!

„Nur eine Rückzugslinie ist vorhanden, nämlich die Abweichungen der Bewegung der Planeten von den Kepler'schen Gesetzen müssen so klein sein, daß die Beobachtungen Tycho's von Brahe*), welche Kepler seinen Untersuchungen zum Grunde legte, sie nicht verrathen konnten. Wenn dieses wirklich stattfindet, so sind wir gerettet, denn es wird nun klar, wie Kepler etwas, was nur eine Annäherung an die Bewegung der Planeten ist, mit der Bewegung selbst verwechseln konnte und sogar verwechseln mußte. — — Es wird hinreichen hier anzuführen, daß die Kräfte, mit welchen die Planeten anziehen, ohne Vergleich viel kleiner gefunden sind, als die mächtige Anziehung der Sonne, so daß selbst Jupiter,

---

*) Tycho de Brahe war ein dänischer Edelmann und ward geboren am 4. December 1546. Nach dem Willen seiner Familie sollte er die Rechte studiren; er wandte sich aber der Astronomie zu und zeichnete sich in derselben so aus, daß er den „König unter den Astronomen" genannt wird. Er lehrte, daß die Erde stille stehe und die Sonne sich um dieselbe bewege. Er starb 1601.

welcher unter den Planeten bei weitem der stärkste ist, noch nicht den tausendsten Theil der Kraft der Sonne äußert. — — Wir haben unsern Rückzug glänzend vollendet. (Beſſel 111. 112)

27. Vollendet haben Sie ihn allerdings, Herr Beſſel; aber nach meiner Anſicht nicht zu Ehren der Aſtronomie. Denn beruhen Keplers Geſetze auf einer **Verwechſ- lung der wahren Bewegung der Planeten mit einer Annäherung an dieſelben**, so haben ſie gar keinen Werth. — Doch, iſt die gegenſeitige Anziehung der Planeten immer gleich ſtark?

„Die Anziehung wird deſto größer, je kleiner die Entfernung iſt!"
(Beſſel 113)

28. Ei, ei! Die Sonne zieht am wenigſten an, wenn die Planeten ihr am nächſten ſind; die Planeten aber ziehen am ſtärkſten an, wenn ſie ſich am nächſten ſind. In der That eine wunderbare Anziehungskraft! Nochmals: Ihr Aſtronomen ſeid Tauſend- künſtler! — Haben denn die Aſtronomen die Entfernungen der Weltkörper genau ge- meſſen?

„Man darf allerdings ſagen, daſs die Aſtronomen die Wege am Himmel beſſer wiſſen, als unſere Geographen auf der Erde." (Littrow 94)

29. Sind denn die aſtronomiſchen Beobachtungen vollkommen genau?

„Die anfänglich ſehr rohen Beobachtungen haben gegenwärtig einen wirklich bewunderungswürdigen Grad von Genauigkeit erhalten. Aber die allgemeine Natur aller Beobachtungen, nämlich **Annäherungen an die Wahrheit zu ſein**, haben ſie weder verloren, noch werden ſie ſie je ver- lieren. Hieraus folgt, daſs die Aſtronomie ſich ihrem Ziele, welches die voll- kommene Erkenntniſs der Bewegung der Himmelskörper iſt, **nur mehr und mehr nähern, daſselbe aber nie erreichen kann.**"
(Beſſel 18. 19)

30. Aber, mein ſehr geehrter Herr Beſſel, ſind denn die ſeit vielen Jahren gemachten Beobachtungen der Planeten ſo zu einem Ganzen ver- arbeitet, daſs man ihre Bahnen und die Theorie derſelben mit voll- ſtändiger Sicherheit kennt?

„Die Beobachtungen der Sonne und der Planeten, welche ſeit 1750 ge- macht worden ſind", ſind noch nicht genau verarbeitet (ſie gleichen noch „dem tauben Geſtein und armen Erz"). „Nur **Flemming** hat die Beobachtungen des Uranus bearbeitet. Ihre Reſultate müſſen nun bald zeigen, ob ſie ſchon eine hinreichend feſte Grundlage weiterer Aufklärungen ſind, oder ob noch ein Jahrhundert ſie durch ſeine Beobachtungen verſtärken muſs. — Wenn wir Aehnliches von allen Planeten beſitzen werden, **erſt dann werden wir den Zuſtand der Aſtronomie des Sonnenſyſtems genau er- kennen**; wir werden dann die Mittel beſitzen, **falls die allgemeine Theorie genügend iſt**(!), die beſonderen Theorien aller Planeten den vorhandenen Thatſachen genau anzupaſſen; falls ſie es nicht iſt, ihre Mängel an den Tag zu legen; wir werden eine Bahn eröffnet haben, auf welcher fortschreitend, die Astronomie sich ihrem letzten Ziele immer mehr nähern muß. —— Allein diese Arbeit ist Allen, die sich mit der Theorie der Planeten beschäftigt haben, viel zu groß erschienen, um sie vollständig auszuführen; sie haben einen kleinen Theil davon ausführen müssen, auch es damit nie so consequent und genau nehmen können, als doch nöthig gewesen wäre, um das vollständige und unentstellte Zeugniß der Beobachtungen zu erfahren. Die unvermeidliche Folge hiervon ist, daß man wirklich **zu weit geht, wenn man von einem Zeugniß der Beobachtungen spricht;** Niemand kann angeben, worin es eigentlich besteht."

(Bessel 451—453)

31. Meine Herrn, ich bin aufs äußerste erstaunt, das aus Ihrem Munde zu hören! Bald reden Sie, als ob Sie Alles aufs gewisseste wüßten; bald bekennen Sie, daß noch Vieles, und zwar Hauptsächliches, ungewiß ist! Doch vielleicht findet sich die Gewißheit später. Erlauben Sie mir, noch einige Fragen zu thun.

Sie behaupten, daß die Sonne fest stehe und die Erde sich um dieselbe bewege. Wenn aber die Erde jährlich einmal um die Sonne herumläuft, und dabei etwa 20 Millionen Meilen von derselben entfernt ist, müßten uns dann nicht die Sterne am 21. December in anderen Richtungen erscheinen als am 21. Juni?

„Wenn die Erde sich in der That in jedem Jahre in einem Kreise bewegt, dessen Halbmesser gleich der Entfernung derselben von der Sonne oder gleich 20,680,000 (deutschen) Meilen ist, so werden wir uns auf diesem unserm Weltschiffe am Ende eines jeden halben Jahrs an einer Stelle des Himmels befinden, die über 41 Millionen (deutsche) Meilen von dem Punkte entfernt ist, wo sich die Erde am Anfange jenes Semesters befand; und eine so gewaltige Entfernung wird ohne Zweifel auf die, aus diesen beiden Stellungen der Erde sichtbaren Gestirne und ihre Lage am Himmel einen sehr deutlichen Einfluß äußern." —— „Dieser Weg darf also in der That ungeheuer genannt werden. Und an den beiden Endpunkten einer solchen unübersehlichen, beinahe unbegreiflichen Straße — welche Veränderungen wird da der gestirnte Himmel und alle die Gegenstände erleiden, die zu beiden Seiten dieser Straße in dem großen Weltraume zerstreut sind? Sterne, die hier nahe beisammen stehen, weil sie so weit von uns entfernt sind, werden dort, wo wir ihnen 41 Millionen Meilen näher gekommen sind, weit auseinander stehen; und umgekehrt: anfangs weit von einander entfernte Sterne werden ganz nahe an einander rücken; solche Sterne, die uns hier groß erscheinen, werden dort kaum mehr gesehen werden, und dafür andere groß und hell erscheinen, die wir hier noch nicht sehen konnten; alle Sterne werden verändert, alle Sternbilder werden in ihrer Gestalt verrückt, und der ganze Himmel wird ein anderer sein. Alles dieß läßt sich allerdings bei einer so gewaltigen Veränderung unseres Standpunktes mit der größten Wahrscheinlichkeit erwarten."

(Littrow 96. 97)

32. Und Sie, Herr Bessel, was sagen Sie zu dieser Ansicht Ihres geehrten Collegen?

„Da die Erde während eines Jahres durch alle Punkte ihrer Bahn läuft, so müssen alle während dieser Zeit von ihr nach einem **nicht mit ihr bewegten Punkte gelegte Gesichtslinien** sich in diesem (Punkte) durchschneiden, also auch nach und nach verschiedene Richtungen annehmen; oder, mit anderen Worten, der Punkt muſs seine Richtungen stetig verändern, und, während des Jahres, eine Bahn an der Himmelskugel zu durchlaufen scheinen. Auch **die Firsterne müssen also diese scheinbaren Bewegungen zeigen und dadurch ihre gegenseitigen Stellungen verändern; sie müssen sie desto gröſser zeigen, je näher, desto kleiner, je weiter sie sind; und aus der Gröſse, in welcher sie sie zeigen, muſs sich ihre Entfernung erkennen lassen.**" (Bessel 209. — Diese gegenseitige Stellung der Firsterne heiſst die **Firstern-Parallaxe**.)

33. Dürfte ich Sie auch um Ihre Meinung ersuchen, Herr Mädler?

„Die Auffindung der Firstern-Parallaxe hätte es gleichsam mit einem Schlage unwiderleglich bewiesen" (nämlich, daſs sich die Erde um die Sonne bewegt); „würde im Gegentheile der Nachweis geführt, daſs den Firsternen ganz und gar keine Parallaxe zukomme, so war es auch mit der Bewegung der Erde um die Sonne nichts." (Mädler 464)

34. Wollen auch Sie, Herr Dr. Müller, gefälligst Ihre Meinung aussprechen?

„Wenn die Lehre des Kopernikus richtig ist, daſs die Erde gleich den anderen Planeten die Sonne umkreise, und daſs die scheinbare Bewegung der Sonne am Himmelsgewölbe nur eine Folge der wahren Bewegung der Erde sei, so müssen auch die Firsterne eine von der Ortsveränderung der Erde herrührende scheinbare Bewegung zeigen und dadurch ihre gegenseitigen Stellungen ändern. Diese scheinbaren Bewegungen der Firsterne aber, welche ihrer Entstehung nach an eine jährliche Periode gebunden sein müssen, werden um so kleiner sein, je weiter die Firsterne von uns entfernt sind." (Müller 238)

35. Da haben sich die Astronomen wohl eifrig bemüht, diese Parallaxe aufzufinden und nachzuweisen?

„Als Kopernikus mit seinem neuen Weltsystem auftrat, hatte man noch keine Spur einer jährlichen Parallaxe an Firsternen wahrgenommen; ihre gegenseitige Stellung galt für absolut unveränderlich, und die Anhänger des alten Systems verfehlten nicht, diesen Umstand gegen Kopernikus geltend zu machen, welcher diesen Einwürfen nichts entgegen setzen konnte, als daſs die Entfernung der Firsterne so groſs sei, daſs die jährliche Parallaxe einen für den damals erreichbaren Grad der Genauigkeit astronomischer Messungen verschwindend kleinen Werth habe. — Von nun an war das eifrige Bestreben der Astronomen darauf gerichtet, die Genauigkeit der Beobachtung möglichst zu steigern, um die jährliche Parallaxe einiger Firsterne zu ermitteln und dadurch nicht allein die Richtigkeit des Kopernikanischen Systems zu erweisen, sondern auch die Entfernungen dieser Fixsterne zu bestimmen."

(Müller 239)

36. Herr Littrow, was sagen Sie zu diesen Aeußerungen des Herrn Dr. Müller?

„Die Astronomen haben seit Kopernikus, d. h. seit ihnen diese Bewegung der Erde bekannt war, sich bemüht, diese wunderbaren Veränderungen des Himmels zu entdecken und durch ihre Beobachtungen über alle Zweifel zu erheben." (Littrow 97)

37. Sie stocken, mein Herr! Bitte, fahren Sie fort! Welche Veränderungen haben die Astronomen gefunden?

„Und welche Veränderungen haben sie bis vor etwa zehn Jahren gefunden? — Gar keine! Ihre besten Fernröhre, ihre vollkommensten Instrumente, die seit Jahrhunderten vereinigten Arbeiten der ausgezeichnetsten Beobachter — alles war umsonst; jene mit so vieler Sicherheit erwarteten Veränderungen existirten nicht, und das uns umgebende unübersehbare Heer von Sternen zeigte durchaus denselben Anblick, man mochte es am Anfang oder am Ende dieses 41 Millionen Meilen langen Weges betrachten!"

(Littrow 97)

38. Sie, Herr Mädler, sind mit den neuesten Forschungen vertraut. Was urtheilen Sie in dieser Angelegenheit?

„Im eigentlichen Sinne unendlich weit konnten doch die Fixsterne nimmermehr stehen, und an der Richtigkeit des Kopernikanischen Systems hatte schon seit mehr als einem Jahrhundert Niemand mehr gezweifelt, der mit der Astronomie nur einigermaßen vertraut war. Und jetzt zum erstenmale (!) sollte dieses Hoffen nicht eitel sein. Fast gleichzeitig (1836) wurden auf drei verschiedenen Punkten und nach drei verschiedenen Beobachtungsmethoden die reellen Parallaxen dreier Sterne gefunden und, durch die weiter fortgesetzten Beobachtungen, innerhalb so enger Grenzen fixirt, daß das Problem als gelöst angesehen werden muß. Die Strenge der theoretischen Untersuchung läßt keinem Zweifel Raum, daß das, was man gefunden, irgend etwas Anderes als die Parallaxe sein könne." (!)

(Mädler 467)

39. Wollten Sie nicht die Güte haben, mir etwas Näheres darüber mitzutheilen?

Collège „Bessel hat mit dem großen Königsberger Heliometer den Stern 61 im Schwan mit zwei sehr schwachen benachbarten verglichen und in 402 Beobachtungen ihren Abstand und ihre gegenseitigen Richtungswinkel bestimmt. Als Resultat für die Parallaxe ergab sich aus allen Vergleichungen im Mittel 3,483 Zehntausendstel einer Secunde, was auf einen Abstand von 592,200 Erdweiten ($11\frac{1}{2}$ Billionen Meilen) und eine Zeit des Lichts (um von dort auf die Erde zu kommen) von 9 Jahren 3 Monaten führt." (!)

(Mädler 467)

40. Und was, Herr Mädler, urtheilen Sie über die Genauigkeit der Rechnung Bessels, wenn Sie dieselbe mit anderen Beobachtungen vergleichen?

Sie ist „die am sichersten bestimmte!" (Mädler 469)

41. Herr Bessel, was urtheilen Sie selbst über das Resultat Ihrer Beobachtungen?

„Es waren deutliche Spuren der jährlichen Parallaxe vorhanden; — — — doch bin ich keineswegs geneigt, ihnen eine so große Sicherheit zuzutrauen, daß ich dieses Resultat für unzweifelhaft ansehen möchte." (Bessel 257) *)

42. Ha ha! So steht es also! Doch, Herr Mädler, vielleicht wissen Sie von anderen, ganz genauen und untrüglichen Beobachtungen. Bitte, theilen Sie dieselben mit!

„Struve prüfte — — den Stern a in der Leyer. — Seine erste 1836 angestellte Beobachtungsreihe gab ihm 125 Tausendstel Einer Secunde; die spätere Fortsetzung derselben, wenn Alles zusammengestellt wurde, 2613 Zehntausendstel Einer Secunde. Dies führt auf eine Entfernung von 789,400 Erdweiten und eine Zeit des Lichts von 12 Jahren 1 Monat. Struve glaubt dieses Resultats bis auf 1 Jahr etwa versichert zu sein. Die später in Pulkowa fortgesetzten Beobachtungen bringen, mit den früheren zusammen gestellt, die Parallaxe von a Leyer auf 153 Tausendstel Einer Secunde; Peters hat — 108 Tausendstel Einer Secunde erhalten. — Peters hat durch höchst genaue und zahlreiche Beobachtungen des Polarsterns — dessen Parallaxe auf 76 Tausendstel Einer Secunde bestimmt, eine Angabe, die bei ihrer außerordentlichen Kleinheit nothwendig eine ziemlich beträchtliche Unsicherheit in sich schließt (Zeit des Lichts 43 Jahre, mit einer Unsicherheit von etwa 7 Jahren)." — — — „Andere auf die Parallaxen bezügliche Arbeiten sind nur über einen Stern 7ter Größe in den Jagdhunden bekannt geworden; allein die Abweichungen der verschiedenen Beobachter unter einander sind so groß, **daß wir hier noch von keinem bestimmten Ergebniß sprechen können."**

(Mädler 468. 469)

43. So merke ich wohl, daß die Herrn Astronomen die Parallaxe noch nicht gefunden haben, die doch nach ihrer eigenen Behauptung vorhanden sein muß, wenn sich die Erde um die Sonne bewegen soll! Aber wie erklären Sie nun den Lauf der Erde um die Sonne, da Sie jene Parallaxe nicht unzweifelhaft nachweisen können?

„Und was soll man aus dem Mißlingen aller dieser Arbeiten schließen? Eins von beiden: entweder ist es nicht wahr, daß die Erde sich um die Sonne bewegt, und dann fallen jene nur geträumten Veränderungen des gestirnten

---

*) In Dr. Müllers kosmischer Physik wird S. 242 behauptet, daß von dreiunddreißig Sternen die jährliche Parallaxe gefunden sei. „Fünf Sterne", bei denen sie „am größten" ist, werden dann als Beispiele angeführt. Unter diesen fünf ist auch der Stern, den Bessel über ein Jahr lang beobachtete, um seine Parallaxe zu finden. Bessel selbst urtheilt über das Resultat, wie oben zu lesen ist; bei Müller ist schon Alles „bestimmt". Man merkt auch daran, wie es um die astronomischen Gewißheiten steht.

Himmels von selbst weg; oder aber, die Distanz dieser Firsterne von uns ist so ungeheuer, daß selbst jene Entfernung von 41 Millionen Meilen nur wie ein unmerklicher Punkt gegen jene Distanz verschwindet." (Littrow 97)

44. Aber wissen Sie denn auch gewiß, daß ein Theil Firsterne weiter von uns entfernt ist, als andere?

„Gänzlich ermangelt ein untrüglicher Grund, den einen Firstern für näher zu halten als den anderen."
(Bessel 249)

45. Dann können Sie ja schon deshalb keine Parallaxe mit Bestimmtheit erwarten! — Die Firsterne erscheinen durch gute Fernröhre wohl recht groß?

„Die Firsterne erscheinen immer kleiner, immer mehr als eigentliche Punkte, je vollkommener das Fernrohr ist, durch welches man sie betrachtet." (Littrow 99)

„Ich habe bereits oben gesagt, daß alle Firsterne in guten Fernröhren nur als untheilbare Punkte ohne alle Dimensionen erscheinen."
(Littrow 458)

46. In der That, das nimmt mich wunder! Ich hatte einen entgegengesetzten Bescheid erwartet! Herr Mädler, bezeugen Sie dasselbe?

„Betrachtet man den Himmel mit hinreichend starken Ferngläsern, so werden sich bald bei den älteren Planeten Durchmesser zeigen, die Firsterne dagegen bleiben auch in der allerstärksten Vergrößerung stets Punkte, die nur durch stärkeren oder schwächeren Glanz, so wie einigermaßen durch Farbe unterschieden sind." (Mädler 418)

47. Aber sind die Firsterne nicht deßhalb als sehr groß anzunehmen, weil man sie aus weiter Ferne sehen kann?

„Schon ein sehr kleiner, einen oder zwei Zoll großer Spiegel" (so gestellt, daß er das von ihm aufgefangene Sonnenlicht in das Auge des Beschauers zurückwirft) „erscheint lebhaft glänzend, selbst mit bloßen Augen sichtbar, in einer Entfernung von 5 oder 6 (deutschen) Meilen; mit Fernröhren aber sieht man ihn in den allerweitesten Entfernungen, und es ist keine Grenze dafür vorhanden, als die durch das Zwischentreten der Krümmung der Erde verursachte, über die man bei immer größer werdender Entfernung nicht mehr hinwegsehen kann." (Bessel 65. 68)

48. Weiß man denn etwas Gewisses über die Größe der Firsterne?

„Ihre wahre Größe ist uns unerforschlich, ebenso ihre Entfernung (wenn man einige wenige ausnimmt, deren Abstand von unserer Sonne man in neuester Zeit annähernd bestimmt hat*))." (Mädler 420)

---
*) Mädler meint hier diejenigen Firsterne, deren jährliche Parallaxe man gefunden haben will. Vergl. Fr. 39. 42.

49. Ist das auch Ihre Meinung, Herr Littrow?

"Ueber die Entfernung und also auch über die absolute Größe aller Firsterne wissen wir noch sehr wenig. Wir kennen nicht einen einzigen derselben, von dem wir sagen könnten, daß er an Größe unsere Sonne, auch nur in runder Zahl, hundert- oder tausend- oder selbst millionenmal übertreffe. Auch sehen wir die scheinbar **größten** dieser Fixsterne, wenn wir sie durch unsere Fernröhre betrachten, **nur als untheilbare**, und zwar **desto kleinere, reinere Punkte, ohne allen merkbaren Durchmesser**, je besser das Fernrohr ist, welches wir zu diesem Zwecke gebrauchen. — Wenn wir also doch noch von der **Größe** dieser Fixsterne sprechen wollen, so kann dieses nur von der **scheinbaren Größe**, von dem größeren oder geringeren Eindrucke gemeint sein, welchen ihre Lichtstärke auf unser Auge hervorbringt."

(Littrow 448)

50. Und Sie, Herr Bessel, was meinen Sie über die Größe der Fixsterne?

"Die **Größe** der Fixsterne — ist nicht auf die Durchmesser, unter welchen sie sich zeigen, noch weniger auf ihre Körper zu beziehen. — — Unter **Größe** eines Fixsterns ist daher die Bezeichnung seiner Helligkeit zu verstehen."

(Bessel 594. 595)

51. Man findet aber doch Berechnungen über die Größe der Fixsterne und ihre Entfernungen?

Es gilt "**willkührliche Voraussetzungen zu wagen** und zuzusehen, welche Folgen sie haben würden."

(Littrow 458)

52. Also ist es gar Nichts mit allen jenen Behauptungen, daß die Sterne Sonnen und von ungeheurer Größe seien! — Doch ich habe gehört, daß man die Entfernung der Fixsterne nach der Zeit berechnen könne, welche das Licht gebraucht, um von ihnen zu uns zu kommen. Herr Littrow, wie steht es nun darum?

"Das Licht, dessen Geschwindigkeit die größte ist, die wir in der Natur kennen, legt den Weg von der Sonne zur Erde (20 Millionen deutsche Meilen) in 8 Minuten und 13 Secunden zurück; seine Geschwindigkeit ist also 38 Millionen mal größer, als die jenes Schiffes, und doch würde es, um von jenem Fixsterne bis zu uns zu gelangen, auf seinem Wege mehr als 3 volle Jahre zubringen. — Und dies gilt nur von dem **nächsten Fixsterne**. Die andern können vielleicht noch viele Tausend male weiter von uns entfernt sein; ja, es ist nicht nur möglich, sondern selbst **wahrscheinlich**, daß es Fixsterne giebt, von welchen das Licht, ungeachtet seiner an das Entsetzliche grenzenden Geschwindigkeit, erst in Jahrtausenden bis zu uns gelangt, so daß zur Zeit unseres **Moses** oder **Alexanders** am Himmel totale Veränderungen vorgegangen sein können, von welchen wir, die wir ihn noch immer unverändert sehen, keine Kunde haben, weil der Bote, der sie uns bringen soll, weil das Licht seitdem noch nicht Zeit gehabt hat, aus jenem Raume bis zu uns zu gelangen." (Littrow 99)

53. Aber, Herr Mädler, was sagen Sie zu solchen Aeußerungen Ihres Herrn Collegen?

„Die Geschwindigkeit des Lichts ist eine **endliche**; vom Beginn der Schöpfung bis zu unsern Tagen ist eine **endliche Zeit verflossen**; und wir können also die Himmelskörper nur wahrnehmen **bis zu der Entfernung, welche das Licht in jener endlichen Zeit durchläuft**. Da sich der dunkle Himmelsgrund in dieser Weise ausreichend erklärt, ja als nothwendig darstellt, so fällt auch die Nöthigung weg, eine Lichtverschluckung vorzunehmen. Statt zu sagen, das Licht gelange aus jenen Entfernungen **nicht mehr bis zu uns**, muß man sagen: **es ist noch nicht bis zu uns gelangt!**" (Mädler 475)

54. Ah! meine Herrn, Sie wissen also von Sternen, deren Licht noch kein menschliches Auge gesehen hat! Und das nennen Sie **Wissenschaft**?! — Nach Ihrer Behauptung müssen ja die Sterne, die Adam sah, lange Zeit vor ihm geschaffen sein?

„Wir wissen es sehr wohl, daß unsere hierauf sich beziehenden Daten (Angaben) auf arithmetische Genauigkeit keinen Anspruch haben, und daß die Zukunft sehr bedeutende Mängel zu berichtigen haben wird. Aber diese Modificationen (Veränderungen) wird die Wissenschaft stets nur sich selbst, d. h. der genaueren Beobachtung und der schärferen und der tiefer eindringenden Theorie verdanken: **durch angeblich historische Zeugnisse über das Alter der Weltkörper kann die Wissenschaft sich nie auch nur im Geringsten beirren lassen, wie jeder Unbefangene wohl von selbst einsieht.**" (Mädler 463)

55. Ihr Herrn Astronomen verwerft also von vorn herein jedes historische Zeugniß, auch das der heiligen Schrift, welches Euren Meinungen und Muthmaßungen entgegen ist! Es ist das gewiß bezeichnend! Und das soll jeder „Unbefangene" sofort erkennen! Nun, ich erkenne es nicht und halte Ihr Urtheil für eine Anmaßung sonder gleichen! —

Meine Herrn, ich habe in Büchern gelesen, daß astronomische Beobachtungen aufs bestimmteste herausgestellt haben sollen, die Sonne bewege sich mit allen Planeten und Kometen um eine uns bis jetzt unbekannte Centralsonne. Was halten Sie von dieser Sache?

„Die Ansicht, welche man wohl früher hegte, daß unsere Sonne sammt allen ihren Planeten und Kometen selbst wieder um einen selbstleuchtenden oder dunklen Centralkörper rotire, wie Jupiter und Saturn sammt ihren Trabanten um die Sonne, gehört nur in das Reich der **mythischen Hypothesen**." (Müller 246; Mädler 440)

56. Es ist also nicht alles ewige Wahrheit, was Ihr Herrn Astronomen vorgebt. — Sind denn die **Firsterne** in der That feststehende Sterne, welche ihren Platz am Himmel nie verändern?

„Das ist nicht der Fall, obgleich die hieher gehörigen Verschiebungen so gering sind, daß sie erst nach Verlauf von Jahrhunderten eine namhafte Größe erreichen, und in kürzeren Zeiträumen nur durch Beobachtungen von der äußersten Genauigkeit nachgewiesen werden können. — — — Nach 3000 Jahren werden ungefähr 20 Sterne sich um mehr als 1° von ihrer gegenwärtigen Stelle entfernt haben." (Müller 237. 238)

57. Aber die Sonne steht doch wohl nach Ihrer Ueberzeugung unbeweglich fest?

„Am wahrscheinlichsten ist es, daß die den verschiedenen Firsternen gemeinsame Bewegung von einer in entgegengesetzter Richtung stattfindenden Bewegung unserer Sonne herrührt. Nach W. Herschels Bestimmungen liegt der Punkt, gegen welchen sich unsere Sonne sammt allen sie umkreisenden Planeten und Kometen hinbewegt, nahe beim Sternbilde des Herkules. — Nehmen wir nun an (!), daß unser Sonnensystem mit allen verschieden entfernten Firsternen um einen gemeinschaftlichen Schwerpunkt rotire, so ist klar (! !), daß der Mittelpunkt dieser Kreisbewegungen 90° von dem Punkte entfernt liegen müsse, gegen welchen sich unser Sonnensystem hinbewegt. Mädler sucht den fraglichen Schwerpunkt in der Plejadengruppe. (S. 447 ff.)" (Müller 245. 246)

58. Herr Littrow, was halten Sie von der Bewegung der Sonne?

„Da die Sonne durch die Anziehung, welche ihre Masse auf die Planeten äußert, die Ursache der Bewegung dieser Planeten ist, — so wird auch jeder dieser Planeten, dessen Masse ebenfalls eine anziehende Kraft auf alle übrigen Körper äußert, wieder auf die Sonne zurückwirken und derselben eine Bewegung im Raume ertheilen müssen. Wie nämlich der Planet, durch die Attraction der Sonne, eine Ellipse, um dieselbe beschreibt, so wird auch der Mittelpunkt der Sonne, durch die Attraction (Anziehung) des Planeten in Bewegung gesetzt, in einer Ellipse einhergehen. Allein der Umfang dieser Sonnen-Ellipse wird sich zu jener des Planeten nahe verkehrt wie die Massen dieser beiden Gestirne verhalten, oder die Sonnen-Ellipse wird, wegen der unvergleichbar größeren Masse der Sonne, gegen die Ellipse des Planeten ungemein klein sein."

(Littrow 274)

59. Aber, Herr Littrow, dann müßte man ja annehmen, daß jeder Planet die Sonne in Bewegung setzte?

„Da das, was hier von einem Planeten gesagt wird, von allen übrigen ebenfalls gilt, so wird die Bahn, welche der Mittelpunkt der Sonne beschreibt, eine sehr verwickelte krumme Linie sein!"

(Littrow 274)

60. Und das, meine Herrn, nennen Sie Astronomie? Ich meine, das sind recht kindische Träume!

„Die Existenz dieser Bewegung der Sonne ist nicht weiter zu bezweifeln

—"aus dem angeführten, und hoffentlich guten und Jedermann einleuchtenden Grunde!"! (Littrow 274)

61. Nun, mir will der Grund nicht einleuchten! Giebt es noch eine andere Bewegung der Sonne?

„Die Rotation der Sonne selbst, deren Dasein — unmittelbar aus der beobachteten Bewegung der Sonnenflecken folgt." (Littrow 274)

62. Sieht man durch gute Fernröhre die Oberfläche der Sonne genau?

„Auf der Sonne bleiben uns alle Einzelheiten verborgen, welche man auf einer Erdkugel von ⅛ Zoll Durchmesser nicht würde darstellen können." (Bessel 71)

63. Erkennt man denn die Oberfläche der Planeten genau?

„Auf dem Jupiter sehen wir nur so viel Detail (Einzelnes), als eine Erdkugel von der Größe eines Nadelknopfs würde enthalten können." (Bessel 71)

64. Wozu dienen aber solche Schätzungen?

„Diese Schätzungen sind geeignet, anschaulich zu machen, was unsere Fernröhre in so großen Entfernungen zu leisten vermögen; sie sind den Fernröhren eher zu günstig als zu ungünstig gemacht." (Bessel 71)

65. Was weiß man denn über die Oberfläche der Ceres, Pallas, Juno und Vesta

„An den neuen Planeten Ceres, Pallas, Juno und Vesta können wir nichts bemerken, außer daß sie vorhanden sind; sie sind in den besten Fernröhren nicht von kleinen Fixsternen zu unterscheiden." (Bessel 88)

66. Ist denn Jupiter, Saturn und Uranus näher bekannt?

„Am Jupiter, auf welchem ganz Europa nur als ein Punkt sichtbar werden würde, können wir begreiflich nichts Einzelnes erkennen. Seinen, ihn umgebenden, breiten Gürteln wissen wir keine Bedeutung abzugewinnen. Mit dem Saturn sind wir noch übler daran, da er nocheinmal so entfernt ist als sein Vorgänger, Uranus ist wieder noch einmal so weit entfernt." (Bessel 88. 89)

67. Kennt man den Merkur und die neueren Planeten näher?

„Wir lesen (nämlich in astronomischen Büchern) von dunklen Streifen auf dem Merkur, aus welchen man die Schnelligkeit der Winde auf diesem Planeten abgeleitet hat. Wir lesen von sichtbaren Dunstkreisen, welche die neuen Planeten umgeben und sie zu Mitteldingen zwischen soliden Planeten und luftigen Kometen machen. Von dem einen so wenig, wie von dem andern, habe ich je etwas gesehen, und muß daher Jedem überlassen, ob er an den Wind und den Dunst glauben will." (Bessel 86)

68. Wie viel Zeit braucht die Venus zu ihrer Axendrehung?

„Man hat einige schwach getrübte Stellen auf der lebhaft glänzenden Oberfläche der Venus bemerkt, und aus der Ortsveränderung derselben die Zeit der Axendrehung, oder die Tageslänge auf der Venus gefolgert. Wie unbestimmt die Wahrnehmung aber gewesen sein muß, geht daraus hervor, daß man noch nicht weiß, welche von zwei Angaben der Tageslänge, 24 Tage und 24 Stunden, die richtige ist." (Bessel 87)

69. Ich habe gehört, daß man verschiedene Theile der Erdoberfläche genau gemessen hat. Haben denn diese Messungen ergeben, daß die Erde wirklich die Gestalt einer etwas abgeplatteten Kugel hat?

„Die meisten dieser neueren Unternehmungen (Gradmessungen) sind mit der äußersten Sorgfalt ausgeführt. — Das daraus hervorgegangene Hauptresultat ist aber, daß man keine regelmäßige Figur der Erde angeben kann, welche alle diese Messungen zugleich erklärte: es bleiben Unterschiede übrig, deren Erklärung nirgends anders mehr gesucht werden kann, als in Unregelmäßigkeiten der Figur der Erde selbst. — Jetzt wissen wir und haben die volle Ueberzeugung erlangt, daß selbst durch vollkommen scharfe Beobachtungen nichts anderes erlangt werden kann, als die Kenntniß der Krümmung eines Stücks eines unregelmäßigen Körpers." (Bessel 57. 58)

70. Wie steht es denn in Hinsicht auf die Berechnung der Finsternisse? nimmt man dabei an, daß sich der Mond in einem Kreise um die Erde bewege, oder rechnet man nach der wellenförmigen Bahn, die er nach dem kopernikanischen System haben muß?

„Man darf sich erlauben, die Erde als ruhend in Beziehung auf den Mond zu betrachten und auf letzteren beide Bewegungen zu übertragen, und dies wird auch im Folgenden durchweg geschehen." (Mädler 156. 157)

71. Ist der Mond wirklich dazu vorhanden, die Nacht zu regieren, wie die Schrift sagt?

„Man glaubt gewöhnlich, daß der Mond nur der Erde, und zwar der Beleuchtung ihrer Nächte wegen, da sei. Hätte die Natur diese Absicht in der That gehabt, so würde sie dieselbe sehr leicht erreicht haben, wenn der Mond im Augenblicke seiner Entstehung im Vollmond oder der Sonne gegenüber, und zwar in einer Entfernung von der Erde gestanden wäre, die nahe den hundertsten Theil der Entfernung der Erde von der Sonne betragen hätte, und wenn damals die Geschwindigkeit des Mondes ebenfalls der hundertste Theil der Geschwindigkeit der Sonne gewesen wäre. Denn dann würde der Mond der Sonne immer gerade gegenüber gestanden, oder immer im Vollmond geblieben sein, und selbst die Finsternisse, die uns jetzt zuweilen seinen Anblick rauben, würden in dieser Entfernung nicht mehr stattgehabt haben.

Damit er aber in einer beinahe viermal größeren Distanz auch eben so viel Licht im Vollmonde, als jetzt, auf die Erde reflectiren könne, hätte seine Oberfläche auch eben sovielmal vergrößert werden müssen. Da jedoch der Urheber dieses einfache Mittel, welches allein zu jenem Zwecke führt, nicht gewählt hat, und der Mond kaum die Hälfte unserer Nächte erleuchtet, so müssen wir voraussetzen, daß er auch diesen Zweck nicht erreichen wollte, und daß es daher seine Absicht nicht gewesen sein kann, den Mond blos für uns hinzustellen, oder ihn zum Fackelträger der Erde zu machen."

(Littrow 198)

Na, was doch die Herrn Astronomen nicht alles wissen! Es will mir aber vorkommen, als wäre des eigentlichen Wissens sehr wenig vorhanden, dagegen desto mehr, was nur in Behauptungen, Meinungen und Träumen besteht! Dabei tretet Ihr Herren mit einer Dreistigkeit und mit einer Verurtheilung anderer auf, als hättet Ihr wirklich einen Beweis für Euere Behauptungen. Und doch habt ihr auch **nicht Einen** Beweis!! Es ist Alles ungewiß, zweifelhaft, einander widersprechend!

Da lobe ich mir doch den alten Johann Leonhard Rost. Der war auch ein Liebhaber des Kopernikanischen Systems, aber er sagt in seiner Astronomie (Nürnberg 1723):

„Wer unterdessen so scrupulös ist, als ob solche (Kopernikanische) Hypothesis der heiligen Schrift entgegen lief, dem will ich selber den Rath ertheilen, daß er das, was er in Gottes Wort liest, für eine vollkommene Wahrheit halten, und aller menschlichen Weisheit vorziehen; mithin, weil die Kopernikanische Hypothesis kein Glaubensartikel in der Religion ist, davon annehmen oder verwerfen soll, was seinem Gutdünken beliebig scheinet. Ich bin also nicht gesonnen, Jemanden die Kopernikanischen und Kepler'schen Principien aufzubringen. Ich lasse vielmehr einem Jeden seinen freien Willen, und erkühne mich zu versichern, daß er dessen ohnerachtet, und er mag sich zur Tychonischen oder einer andern Hypothese bekennen, gleichwohl aus diesem Buche, unter des Höchsten Beistande, so viel von der Astronomie lernen wird, daß ihm Geld und Zeit, so er darauf verwendet, niemal gereuen dürfte." —

Das ist doch eine ganz andere Sprache, als Ihr neumodigen Herrn in Euren Büchern führt! — Und noch Eins muß ich Euch vorhalten: Ihr habt und kennt keinen lebendigen Gott*), und denkt nicht daran, ihm die Ehre zu geben. Vielmehr treibt Ihr mit Eurer Astronomie einen eben so greulichen als albernen Götzendienst. Aber auch nicht einmal der Götze bekommt die Ehre, sondern nur die Götzen-Fabrikanten. Ihr legt Euch selbst alle Ehre bei! Ihr machet die Bahnen der Weltkörper nach Eurem jeweiligen Gefallen;

---

*) Der Franzose Laland sagte: „Ich habe den ganzen Himmel durchforscht; aber einen Gott habe ich nicht darin gefunden." (Richer's Briefe S. 12)

Ihr fordert auch Beifall und Glauben für Euer Wort, ohne doch deſſen Wahrheit bewieſen zu haben!

Auch da iſt Roſt wieder ein ganz anderer Mann. Er ſagt von der Aſtronomie (S. 5): „Durch ſie gelangen wir am allerfüglichſten zur Erkenntniß Gottes, als des Schöpfers Himmels und der Erden. Je mehr wir ſie ausüben, je vollſtändigere Zeugniſſe und Beweisthümer leuchten uns in die Augen, daß Er dasjenige allmächtige und allerweiſeſte Weſen ſei, deſſen Ehre die Himmel erzählen. Denn wenn wir wahrnehmen, wie die von ihm dahin geſetzten großen und überaus ſchönen Weltkörper ihre vorgeſchriebenen Bewegungen und beſtimmten Läufe in der zierlichſten Ordnung und vollſtändigſten Richtigkeit noch immerzu unverändert vollbringen; ſo erhellet klärlich, daß ſolches unmöglich von etwas anderem, als Seiner Weisheit, Allmacht, Güte und Vorſehung herrühren könne, die wir durch die Aſtronomie, wie in einem reinen Spiegel, vor uns ſehen; und aus deren Betrachtung wir zu Seiner Erkenntniß und Verehrung auf die allerangenehmſte Weiſe aufgemuntert werden." —*)

So will ich Euch Aſtronomen denn mit Euren Hypotheſen fahren laſſen und bei dem **Augenſchein**, bei der **Erfahrung** und bei der **Bibel** bleiben, die ja nach Eurem eignen Zeugniß Alles gut erklären. Ehe ich gegen meine Bibel ſollte mißtrauiſch werden, und ehe ich meinem Gott eine Unwahrheit ſollte zutrauen, müßt Ihr wenigſtens erſt **Einen Beweis bringen**, der mich zu der Ueberzeugung zwingt, daß **nur** Eure Behauptungen **wahr ſein können; die Weltanſchauung der Bibel aber falſch ſein muß!** Den erſten Beweis ſeid Ihr der Welt noch ſchuldig!! —**)

---

*) Auch Kepler war ſich deſſen bewußt, „daß alles Forſchen des menſchlichen Geiſtes eitel ſei, wenn es nicht vom Geiſte Gottes geſegnet, gelenkt, gereinigt und erleuchtet werde." Unter anderem ſchreibt er. „O Du, der Du durch das Licht der Natur in uns das Verlangen nach dem Lichte der Gnade weckſt, um durch dieſes uns zu dem Licht der Herrlichkeit zu führen, ich danke Dir, Schöpfer und HErr, daß Du mich an Deiner Schöpfung ergötzteſt und daß ich über die Werke Deiner Hände frohlockte."

(Richer's Briefe S. 12)

) G. Jahn ſagt in ſeinem vortrefflichen Büchlein: „Der geſunde Menſchenverſtand und die ſtillſtehende Sonne zu Gibeon", S. 35: „Der Mann könnte ſich ein ſchönes Stück Geld verdienen, der einen wirklich unumſtößlichen Beweis von der Bewegung der Erde aufzuſtellen vermöchte. In England und Frankreich ſind große Preiſe für ſolchen Beweis ausgeſetzt worden, es hat aber noch gute Weile, ehe einer dazu kommen wird, ſie einzuſtecken.**"